EXTRACTION

DE

724 PIERRES DE LA VESSIE

OBSERVATION

ET

EXIONS SUR UN CAS RARE

DE

PIERRÈS MULTIPLES DE LA VESSIE

PAR

LE DOCTEUR FÉLIX BRON,

Chevalier de l'Éperon-d'Or,

Ancien interne des hôpitaux et lauréat de l'Ecole de médecine,

Ancien chef de clinique chirurgicale,

Membre de la Société impériale de médecine et de la Société des sciences médicales de Lyon,

Membre correspondant de la Société impériale de médecine de Bordeaux,

de la Société de médecine et de chirurgie

de Montpellier, etc.

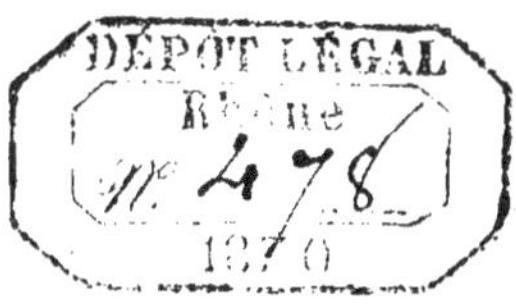

LYON

IMPRIMERIE D'AIMÉ VINGTRINIER

Rue Belle-Cordière, 14

1870

OBSERVATION

ET

RÉFLEXIONS SUR UN CAS RARE

DE

PIERRES MULTIPLES DE LA VESSIE

De tout temps on a considéré la multiplicité des pierres, tout aussi bien que leur extrême dureté, comme une contre-indication de la lithotritie ; mais ce n'est pas une règle absolue, et l'expérience montre qu'il ne faut pas rejeter cette méthode pour cette raison seule. Les résultats heureux qu'elle a donnés souvent, exigent, pour se produire, des *sujets* qu'on pourrait appeler *de choix* ; mais si peu nombreux qu'on les suppose, on doit les prendre en considération, après que la sonde a fourni les premières données.

Le diagnostic d'une pierre dans la vessie n'est pas une chose simple, en ce sens qu'il ne suffit pas de savoir s'il y en a une ou plusieurs et si elles sont petites ou grosses ; mais il faut connaître dans quel état se trouvent aussi l'urèthre, la vessie et les reins, organes qu'elles traversent, où elles séjournent et où elles se forment.

Pour connaître l'état du rein, il faut le palper et étudier les symptômes généraux. L'intermittence du pouls, les accès de fièvre et, avant toutes choses, les troubles des voies digestives sont l'expression de son état anatomique. Aussi l'impression que produit le malade sur le chirurgien dans sa première entrevue, le fixe sur ce point. — Sur les deux autres organes, l'urèthre et la vessie, c'est la sonde qui donne seule les renseignements nécessaires.

Par ce simple exposé, on voit combien la sonde est indispensable en toutes circonstances, — et si nous ajoutons qu'elle supplée souvent aux autres instruments, nous aurons dit une bonne partie de l'observation du malade dont nous allons raconter l'histoire.

Extraction de 723 calculs de la vessie au moyen du lithotriteur à cuiller. — Guérison momentanée. — Deux ou trois petits calculs restés dans la vessie deviennent le noyau d'une pierre unique, à volume croissant. — Lithotritie et guérison définitive. — Analyse chimique des calculs et hypothèse sur le lieu de leur formation et de leur développement.

M. B..., propriétaire, demeurant dans une ville voisine, âgé de 82 ans, souffrait des reins et avait des besoins fréquents d'uriner. Il ne faisait que quelques gouttes chaque fois et avec beaucoup de peine. L'urine était catarrhale et infecte. Cet état durait depuis près de deux ans, lorsqu'il est venu me consulter le 27 avril 1869.

Les souffrances qu'il éprouvait, le manque de sommeil et l'inquiétude avaient amené un amaigrissement assez marqué. A part cela, il digérait et avait, malgré son âge, conservé intactes toutes les grandes fonctions.

Mon premier soin a été de le faire uriner devant moi. L'urine a été longue à venir ; quelques gouttes enfin ont sorti, puis un petit jet mince et sans force s'est établi.

Je l'ai fait ensuite coucher et j'ai palpé l'abdomen. On sentait au-dessus du pubis une boule ronde formée par la vessie distendue encore.

J'ai alors pratiqué le cathétérisme avec la bougie exploratrice de Mercier et j'ai reconnu que le canal était libre, mais que la prostate, hypertrophiée dans son ensemble, l'était surtout dans sa portion sus-montanale et qu'elle oblitérait dans sa presque totalité l'ouverture uréthro-vésicale.

Pour la faire pénétrer dans la vessie, j'ai été obligé de basculer le pavillon de l'instrument fortement entre les jambes, au point de dépasser la ligne de l'axe du tronc.

A ce moment, elle est entrée brusquement, donnant à la main une secousse, — et en même temps la sensation de nombreux graviers de toutes parts.

Cette exploration m'a permis de poser ce diagnostic : *Hypertrophie de la prostate, surtout du lobe moyen ; rétention d'urine ; calculs nombreux de la vessie.*

Il me restait à déterminer le volume des pierres ; mais je renvoyai au lendemain cette nouvelle exploration. Je passai cependant, immédiatement après la bougie, une sonde ordinaire pour évacuer l'urine; et cette circonstance m'a permis de compléter mon diagnostic séance tenante. D'abord j'ai retiré beaucoup d'urine, ce qui m'a prouvé que la vessie ne se vidait pas, — et avec l'urine, huit graviers de couleur jaune, dont les plus gros atteignaient presque le volume d'un petit pois, échantillon de ce que renfermait la vessie.

J'ai eu, par ce fait fortuit, toutes les données dont j'avais besoin et mon exploration du lendema est devenue inutile.

Ce cathétérisme évacuateur, en ramenant les fibres musculaires de la vessie à leur tension normale, a rendu la rétention d'urine complète, d'incomplète qu'elle était, — et le malade n'a pu les jours suivants expulser une seule goutte d'urine. Aussi, du 29 avril au 21 mai, c'est à-dire pendant vingt-deux jours, j'ai dû sonder M. B... deux fois par jour. Le cours de l'urine s'est ensuite rétabli, aussi bien que le permettait du moins la forme de la prostate hypertrophiée.

Chaque cathétérisme a amené de petits calculs qui sortaient avec l'urine par les yeux de la sonde, — ce qui m'a conduit à rejeter, jusqu'à nouvel ordre, toute opération réglée.

Jusqu'au 28 mai, je n'ai eu besoin que de la sonde ; mais à ce moment l'issue des pierres est devenue rare, et malgré que j'en sentisse encore dans la vessie, souvent aucune ne sortait.

J'ai eu recours alors au lithotriteur à cuiller, et j'ai retiré chaque fois de trois à quatre graviers, des plus gros, qui ne pouvaient s'engager dans les yeux de la sonde.

J'en ai retiré ainsi *sept cent vingt-trois*, jusqu'au 25 juin, c'est-à-dire dans l'espace de deux mois.

A cette époque, M. B... avait encore des graviers dans la vessie ; mais n'éprouvant plus de malaises, il a quitté Lyon, content, pour son âge, de pouvoir marcher sans souffrances, manger, digérer et dormir, sans être obligé de se lever comme autrefois, à chaque instant.

Cet état de bien-être a duré près de six mois, pendant lesquels M. B... a repris toutes ses habitudes ; puis de nouvelles souffrances se sont manifestées, semblables à celles de ses plus mauvais jours, — et il est revenu à Lyon le 28 mars 1870.

A cette époque, il n'avait plus de graviers, mais une pierre dans la vessie, ayant un diamètre de près de deux centimètres.

Je l'ai cassée chaque jour une fois, pendant neuf jours consécutifs, et j'ai ramené les fragments dans la cuiller du lithotriteur ; puis, ne sentant plus rien, M. B... est reparti, cette fois entièrement débarrassé.

Des graviers en aussi grand nombre dans la vessie présentent ceci de particulier, qu'ils restent isolés les uns des autres sans s'agglomérer pour former un calcul unique ; et plus ils sont nombreux et moins ils prennent d'accroissement. D'après M. Leroy d'Etiolles, c'est « parce que l'urine abandonne dans les reins les matériaux salins qui serviraient sans cela à envelopper de couches successives les autres graviers déjà descendus dans la vessie. » Cette explication peut être vraie, mais ne pouvant être prouvée, je préfère expliquer ce fait d'observation par le frottement continuel des graviers les uns contre les autres. Quoi qu'il en soit, quand cela se rencontre sur des vieillards comme celui dont je viens de raconter l'histoire, où le col vésical est oblitéré par une hypertrophie de la prostate et qui urine déjà difficilement, ces pierres ne peuvent à plus forte raison être expulsées ; elles s'arrêtent alors dans la vessie et la remplissent ainsi qu'un sac de graines.

Ce fait n'est pas pas précisément rare ; cependant aucun de tous ceux dont j'ai lu la description n'en contient un aussi grand nombre. Ainsi M. Dolbeau nous rappelle que Portal a trouvé dans la vessie de Buffon 55 calculs ; que Roux a guéri un malade qui en avait 193.

Desault a débarrassé un curé dont la vessie contenait plus de 200 pierres.

M. Maisonneuve a présenté à la Société de chirurgie une vessie qui en renfermait 307. (Dolbeau, p. 9.)

M. Leroy d'Etiolles cite, de son côté, un premier malade qu'il a opéré à Vichy, qui en avait 140 ; un second, en 1856, qui en avait plus de 100 ; un troisième, tiré de la pratique de son père, qui en avait 280, d'acide urique et gros comme des pois.

A l'autopsie du père d'un médecin de Paris, le même chirurgien a trouvé 23 calculs cachés dans le bas-fond de la vessie. Celui-là présente ceci de particulier, que ce malade avait été sondé par plusieurs chirurgiens sans que ces pierres eussent été rencontrées par la sonde.

Ségalas, dans une autopsie également, a trouvé sur un octo-génaire 40 pierres vésicales.

M. Durand-Fardel a présenté à la Société anatomique un exem-ple de cystocèle vaginale. Il y avait dans la portion la plus déclive de la hernie plus de 150 calculs d'acide urique, lisses et à facettes.

On voit, par ces quelques citations, que le nombre des concré-tions est quelquefois considérable ; mais aucun n'approche, à beaucoup près, à celui que je viens de citer.

Il était utile de connaître la composition des calculs que nous avons retirés, car la couleur et le volume diffèrent ; il y en a de blancs et de jaunes, et d'après leur grosseur, qui varie de la graine de moutarde à celle d'un pois, ils peuvent être divisés en trois groupes principaux : des petits, des moyens et des gros.

Il est à remarquer d'abord que les plus petits sont presque tous jaunes et qu'il y en a moins de blancs ; qu'au contraire les gros sont presque tous blancs et qu'il n'y en a presque pas de jaunes. Quant à ceux qui ont un calibre moyen, ils sont presque en nombre égal blancs et jaunes.

Ces trois catégories ont pour caractère commun, d'après l'ana-lyse qu'en a faite M. Ferrand, un noyau central rouge, cristallin et translucide d'acide urique enveloppé de couches plus ou moins nombreuses d'urate calcique jaune clair.

En examinant ces petites pierres attentivement, on voit que ces dernières ont conservé leur couleur primitive, tandis que les au-tres sont recouvertes de une ou plusieurs couches de dépôt blanc phosphatique. Cette catégorie de calculs jaunes ainsi dragéi-fiés sont de toutes dimensions. On constate toutefois que les plus volumineux sont ceux qui contiennent le plus grand nombre d'enveloppes ou couches corticales. Quelques-unes en ont quatre et même cinq, dont l'épaisseur la plus grande ne dépasse pas celle d'une coquille d'œuf.

La surface des calculs blancs est parfaitement unie et sphéroï-
dale ; celle des calculs jaunes est au contraire mamelonnée, ce qui
les rend irréguliers dans leur forme pour la plupart ; et comme
l'a remarqué M. Ferrand, ces petites aspérités ou cônes, diverse-
ment éloignés les uns des autres, sont autant de petits tubes
creux ou sorte d'empreintes d'infundibules.

J'ai bien trouvé tous ces calculs dans la vessie, mais assuré-
ment les caractères dissemblables qu'ils présentent ne permettent
pas d'admettre que dans ce même milieu, c'est-à-dire sous les
mêmes influences, ils aient pu naître, se développer, et finalement
offrir des aspects aussi différents. Il est plus probable, malgré
que M. B... n'ait jamais eu de coliques néphrétiques franches,
d'admettre que l'origine commune de ces calculs est dans les
reins.— En admettant cette hypothèse, voici comment nous expli-
quons les différences qui les distinguent.

Les calculs ont été primitivement tous jaunes, puisqu'ils ont
tous un noyau formé d'acide urique. De plus, ceux qui ont conservé cette couleur ont un calibre moyen ou petit, et très-peu
d'entre eux sont volumineux. Il faut donc admettre que ce premier âge s'est passé dans les reins, — et comme le développement
y a été limité, ces calculs ont traversé sans grands efforts les
uretères pour pénétrer dans la cavité vésicale.

Nous avons de cette façon une première explication de l'ab-
sence de coliques néphrétiques, d'abord parce que les calculs
étaient petits, puis parce que l'ancienneté du mal et la rétention
d'urine avaient sans doute élargi les uretères. Ces deux causes
ont probablement agi simultanément.

Arrivés dans la vessie, ces graviers ont trouvé d'autres élé-
ments que le catarrhe y avait développés, — et ceux qui y ont le
plus séjourné se sont recouverts de couches phosphatiques qui,
en augmentant leur volume, ont arrondi leur forme.

Cette explication nous paraît d'autant plus probable que les gros calculs sont en majorité de couleur blanche, contrairement aux petits, dont le plus grand nombre est jaune. C'est pour cela peut-être aussi que pendant tout le temps que j'ai sondé le malade, j'ai retiré presque exclusivement des calculs petits et jaunes, tandis que sur la fin du traitement, alors que j'avais recours au lithotriteur à cuiller, je n'en ramenais presque que de blancs.

Ce sont, en résumé, d'après l'analyse de **M.** Ferrand, des calculs uriques, pisiformes, dans la formation desquels on compte deux périodes communes à chacun d'eux : noyaux uriques, puis couches uratées ; — et enfin pour un grand nombre, une troisième période qui se manifeste par un changement de forme et de composition, accusant un changement de milieu à des époques différentes.

Quant à la pierre secondaire, opérée au mois de mars 1870, elle ne présente plus, comme les granulations précédentes, l'aspect des cailloux roulés, mais des concrétions oolithiques soudées ensemble par un empâtement irrégulier, formant une pierre destinée à grossir par l'addition de couches successives. Cette pierre, de nature terreuse, a pour noyaux deux graviers arrondis restés dans la vessie après la première opération.

Dans le principe, alors qu'ils étaient nombreux, le frottement des cailloux les uns contre les autres usait leur surface en même temps qu'il la régularisait, tandis que dans le cas actuel l'irrégularité des couches externes nous démontre son isolement.

Outre ce double noyau d'un calcul relativement volumineux, nous avons trouvé deux autres fragments présentant des facettes. Ces deux fragments paraissent formés de substances terreuses aussi. Tout en s'accolant l'un à l'autre, ils paraissent être restés isolés et indépendants de la pierre principale.

Si donc le calcul que nous avons saisi dans cette seconde opération, sous un diamètre de deux centimètres, n'était pas seul, il tendait au moins à prendre une importance de plus en plus grande. Abandonné à lui-même, certainement dans un moment donné, il [eût remplacé, par son volume unique, celui des nombreuses petites pierres qui existaient dans le principe.

L'analyse de ces calculs vient de nous démontrer qu'ils étaient tous primitivement formés par de l'acide urique. Les statistiques que j'ai consultées sur cette question sont du reste unanimes sur ce point, que c'est la substance qu'on rencontre le plus fréquemment, — et je ne vois de contraire à cette opinion que celle de M. Delore, qui affirme, *de par ses nombreuses analyses,* que les calculs renferment toujours de la chaux et de l'ammoniaque (*Gaz. méd. de Lyon,* 25 janvier 1864) ; qu'ils sont formés surtout de phosphates ammoniaco-magnésiens.

D'après M. Dolbeau (p. 25), cependant, sur plus de deux mille analyses, on a établi que le premier rang comme fréquence appartient à l'acide urique. Vient ensuite l'oxalate de chaux, puis les divers phosphates, les carbonates et la cystine.

Voici du reste le tableau de ma collection, qui se compose de 31 pierres, et dont l'analyse a été faite par M. Ferrand :

11 calculs sont formés d'acide urique presque pur.

 7 calculs sont formés d'acide urique au centre et sont entourés de couches phosphatées.

 5 calculs sont formés d'acide urique avec couches extérieures uratées.

 1 calcul est formé de sels phosphatiques.

 1 calcul est formé d'urate de chaux et de soude.

 5 calculs ont un corps étranger pour noyau.

 1 calcul dont le noyau manque,

—

31

Sur ce total, si nous défalquons les cinq pierres qui ont pour noyau un corps étranger et celle dont le noyau manque, il nous en reste vingt-quatre, dont deux seulement n'ont pas un noyau central formé par de l'acide urique. — Sur la totalité nous avons vingt-deux calculs sur trente, ce qui fait un peu plus des deux tiers.

La collection de M. Leroy d'Etiolles est plus importante. Elle se compose de 252 calculs ou échantillons de pierres obtenus par la taille ou la lithotritie et par les graviers que les malades ont rendus spontanément. Sur ce nombre :

146 calculs sont formés d'acide urique presque pur ;

7 calculs sont formés d'acide urique au centre, entourés d'une couche de phosphate ;

2 calculs sont formés d'acide urique au centre, entourés d'urate de chaux et d'ammoniaque ;

1 calcul est formé d'acide urique au centre, entouré d'oxalate.

Les 96 restants sont formés de carbonates, de phosphates, d'oxalates calcaires, d'urates divers, de soude, de potasse et de cystine.

Ainsi, en ajoutant au chiffre 146 les 10 calculs dont le noyau central est composé d'acide urique, on obtient 156 calculs d'acide urique sur 252, ce qui fait presque les trois cinquièmes.

La proportion d'acide urique est à peu près la même, si nous étudions cette question au musée Dupuytren.

Il y a dans cette collection 179 pierres. Sur ce nombre, 69 appartiennent aux calculs simples qui se répartissent ainsi :

42 calculs d'acide urique.

10 calculs d'oxalate de chaux.

2 calculs d'urate d'ammoniaque.

1 calcul d'urate de magnésie.

7 calculs de phosphate de chaux.

7 calculs de phosphate ammoniaco-magnésien.

1 calcul de cystine.

Les calculs composés sont au nombre de 88. Il y en a :

9 d'acide urique et de phosphate de chaux.

15 d'acide urique et d'oxalate de chaux.

12 d'acide urique avec de l'oxalate de chaux, de l'urate de magnésie et de phosphate terreux.

Les autres contiennent exclusivement des phosphates, des oxalates et des urates.

En tout, 83 calculs formés d'acide urique ou ayant un noyau d'acide urique, ce qui est presque la moitié de la totalité.

Ces analyses, que nous devons à différents chirurgiens, concordent assez bien entre elles, comme on voit, et nous donnent en groupant tous les chiffres, 462 pierres, dont 263 sont formées au moins au centre par de l'acide urique, c'est-à-dire la moitié.

Nous avons peine à nous rendre compte, devant un pareil résultat, de la différence qu'a signalée M. Delore dans la composition des pierres, *si ses nombreuses analyses, à lui,* ont été bien faites, — à moins pourtant que, d'après la remarque de M. Dolbeau, cela ne tienne à la localité où il les a observées !

En résumé, cette observation est intéressante :

1° Par le nombre des calculs ;

2° Par leur couleur qui démontre que leur développement s'est fait dans deux milieux différents.

3° Par la formation ultérieure d'une pierre unique, à volume croissant, dès qu'il n'est plus resté que deux ou trois graviers dans la vessie.